Ernst Probst / Raymund Windolf

Procompsognathus

Zwei Köpfe
und eine geheimnisvolle Hand

Widmung

Regina Cossmann gewidmet,
die bei der Entstehung der Werke
„Dinosaurier in Deutschland“ (1993)
und „Procompsognathus“ (2019)
wertvolle Hilfe geleistet hat!

Copyright / Impressum:
Procompsognathus.
Zwei Köpfe und eine geheimnisvolle Hand

Verlag:
Ernst Probst
Im See 11, 55246 Mainz-Kostheim
Telefon: 06134/21152
E-Mail: ernst.probst (at) gmx.de
ISBN: 978-3-384-45473-7

Herstellung: Tredition GmbH, Ahrensburg

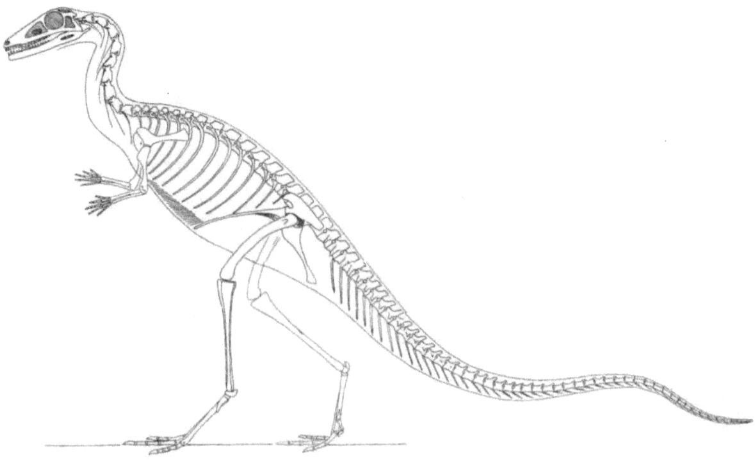

Skelettrekonstruktion von Procompsognathus aus Friedrich von Huene: „Die fossile Reptil-Ordnung Saurischia, ihre Entwicklung und Geschichte“ (1932)

Der „Weiße Steinbruch" im Stromberg (Nordwürttemberg) –
eine der ergiebigsten Fundstellen Deutschlands für Trias-Dinosaurier.
von dort stammt auch Procompsognathus.
Foto: Staatliches Museum für Naturkunde Stuttgart

Vorwort

Ein Sensationsfund glückte im Frühjahr 1909 in einem Steinbruch am Nordhang des Strombergs bei Pfaffenhofen in Württemberg. Auf drei Gesteinsblöcken prangten zwei Köpfe, eine Hand und andere Skelettreste von Tieren aus der Obertriaszeit vor mehr als 215 Millionen Jahren. 1913 schrieb der Stuttgarter Paläontologe Eberhard Fraas diese Knochen einem schätzungsweise 75 Zentimeter langen Raubdinosaurier zu, den er *Procompsognathus triassicus* nannte. Zu deutsch heißt dies „Der aus der Triaszeit stammende Vorläufer von *Compsognathus*". Der ungefähr 70 Zentimeter lange Zwergdinosaurier *Compsognathus* lebte in der Oberjurazeit vor rund 150 Millionen Jahren. Doch Fraas irrte sich: 1992 wiesen die Paläontologen Paul C. Sereno (Chicago) und Rupert Wild (Stuttgart) nach, dass *Procompsognathus,* wie man ihn bis dahin ansah, ein Fabelwesen ist, das aus Teilen mehrerer Tiere zusammengesetzt wurde. Die Schädel und die Vorderarme stammen von einem Laufkrokodil und nur der Bereich des hinteren Körpers von einem Dinosaurier. Geschildert wird diese kuriose Geschichte in dem Buch „Procompsognathus" des Wissenschaftsautors Ernst Probst und des Paläontologen Raymund Windolf (1953–2010).

Inhalt

Lebensbild von Procompsognathus triassicus.
Zeichnung: Michael Bech (FunkMonk, Michael B. H.) /
CC BY-SA 3.0 (via Wikimedia Commons),
lizensiert unter Creative Commons-Lizenz by-sa-3.0,
https://creativecommons.org/licenses/by-sa/3.0/legalcode

Stuttgarter Paläontologe Eberhard Fraas (1862–1915).
Foto: (via Wikimedia Commons),
Lizenz: gemeinfrei (Public domain)

Procompsognathus

Zwei Köpfe und eine geheimnisvolle Hand

Der Stuttgarter Paläontologe Eberhard Fraas (1862–1915) hatte sich den Namen, mit dem er das Dinosaurierskelett belegen wollte, das im Frühjahr 1909 im fundträchtigen Steinbruch Burrer am Nordhang des Strombergs entdeckt worden war, sorgsam überlegt. Denn bei der Untersuchung war ihm aufgefallen, dass manche Merkmale am Skelett verblüffende Übereinstimmungen mit dem aus Bayern bekannten *Compsognathus* zeigten, der 1858 oder 1859 im Gebiet von Kelheim oder Jachenhausen bei Riedenburg gefunden worden war. Vor allem die Struktur der Mittelfußknochen, aber auch die Form der Wirbel stimmte so auffällig mit dem ebenso kleinen Jura-Dinosaurier überein, dass Fraas nicht umhin konnte, ihm einen Namen zu verleihen, der darauf Bezug nahm. 1913 gab Eberhard Fraas auf einer Tagung in Stuttgart die wissenschaftliche Bezeichnung des Stromberg-Fundes bekannt: *Procompsognathus triassicus* („Der aus der Triaszeit stammende Vorläufer von C*ompsognathus*"). Damit hatte er den Dinosaurier, den er auf lediglich 75 Zentimeter Gesamtlänge schätzte, als direkten Vorläufer des rund 65 Millionen Jahre jüngeren bayerischen Raubdinosauriers eingeführt.
Diese stammesgeschichtliche Verbindung der beiden damals kleinsten Dinosaurier aus Deutschland, die Fraas geschaffen hatte, wurde später immer wieder angezweifelt. Doch erst 1981 unterzog der an der Yale Universität, New Haven, im US-Bundesstaat Connecticut arbeitende Paläontologe John Harald Ostrom (1928–2005) *Procompsognathus* einer gründlichen Über-

Procompsognathus triassicus (Holotype SMNS 12591)
vom Stromberg bei Pfaffenhofen in Baden-Württemberg
im „Staatlichen Museum für Naturkunde Stuttgart".
Foto: Ghedoghedo / CC BY-SA 3.0 (via Wikimedia Commons),
lizensiert unter Creative Commons-Lizenz by-sa-3.0,
https://creativecommons.org/licenses/by-sa/3.0/legalcode

Abguss des Originalfundes von Compsognathus aus Bayern im „Oxford University Museum of Natural History".

Lebensbild des Zwergdinosauriers Compsognathus longipes.
Zeichnung: Nobu Tamura / http://spinops.blogspot.com /
CC BY-SA 3.0 (via Wikimedia Commons),
lizensiert unter Creative Commons-Lizenz by-sa-3.0-en,
https://creativecommons.org/licenses/by-sa/3.0/legalcode

prüfung. Da er erst drei Jahre zuvor eine moderne Bearbeitung von *Compsognathus* vorgelegt hatte, war er für diese Arbeit besonders kompetent.

Anders als der spätere jurassische *Compsognathus* befindet sich *Procompsognathus* nicht auf nur einer einzigen Steinplatte, sein Skelett teilt sich vielmehr auf drei verschiedene Gesteinsblöcke auf. Einer zeigt einen Schädel von nur 6 bis 7 Zentimeter Länge, der durch das Gewicht der Gesteinsschichten, zwischen denen er Jahrmillionen gelegen hatte, sowohl von oben als auch von unten so verdrückt ist, dass er nur noch die Hälfte seiner ursprünglichen Höhe besitzt. Als John H. Ostrom versuchte, den Schädel so zu rekonstruieren, wie er wirklich ausgesehen haben könnte, stieß er auf eine sehr lange und schmale Schnauze, ganz ähnlich derjenigen des zeitgleich in der nordamerikanischen Trias lebenden *Coelophysis* („Hohle Gestalt"). Diesem mehrfach größeren Raubtierfußdinosaurier (Theropoden) glich *Procompsognathus* nach Meinung des kalifornischen Paläontologen Kevin Padian so, dass er beide für fast ununterscheidbar hielt. John H. Ostrom teilte diese Meinung nicht, weil die Beckenknochen von *Procompsognathus* ganz anders gebaut waren als die aller anderen Raubtierfußdinosaurier; die breiten Hüften von *Procompsognathus* weisen ihn sogar als den primitivsten Raubdinosaurier aus, den man bis heute weltweit kennt, da alle anderen Arten wesentlich schmalere Hüftknochen besitzen. Wenn *Procompsognathus* auf den Hinterbeinen stand, befanden sich seine Hüften in der geringen Höhe von nur 26 Zentimetern.

Die Füße von *Procompsognathus* tragen Krallen, die relativ kurz und weit weniger gebogen sind als bei anderen Raubdinosauriern, also wenig geeignet erscheinen, Beute zu greifen und festzuhalten. John H. Ostrom wies darauf hin, dass diese Füße trotz aller Vogelähnlichkeit weniger zum Zupacken gedacht

Der „Weiße Steinbruch" im Stromberg bei Pfaffenhofen in Württemberg diente von 1902 bis 1914 zum Abbau von Stubensandstein. Dort entdeckte man Fossilien aus der Obertriaszeit.
Foto: Mussklprozz / CC BY-SA 3.0 (via Wikimedia Commons), lizensiert unter Creative Commons-Lizenz by-sa-3.0, https://creativecommons.org/licenses/by-sa/3.0/legalcode

waren als die heutiger Sperlingsvögel, die damit weit besser etwas festhalten können. Weil Fuß und Mittelfußknochen von *Procompsognathus* sehr vogelähnlich er-scheinen und auch denen von *Compsognathus* ähneln – nur die Zehen sind etwas kürzer – , stellte John H. Ostrom fest, dass der Name des Tieres, den Eberhard Fraas gewählt hatte, zwar berechtigt war, dass *Compsognathus* andererseits aber doch in vielen Details ganz anders ist.

Damit wird durch den Namen *Procompsognathus* („Vor-Zartkiefer") ein falscher verwandtschaftlicher Zusammenhang zwischen beiden Dinosauriern vorgetäuscht, der nicht vorhanden ist. Mit anderen Worten: *Procompsognathus* und *Compsognathus* sind nicht miteinander verwandt.

In einem etwas merkwürdigen Zusammenhang mit den beiden Gesteinsblöcken, in denen sich der Schädel beziehungsweise die hintere Körperhälfte befinden, stand von jeher ein weiterer Block, der einen anderen Schädel und eine Hand enthält. Von Anfang an war angenommen worden, dass beide Teile ebenfalls zu *Procompsognathus* gehörten.

Der zweite Schädel, dem die Schnauzenspitze und der hintere Kopfbereich fehlen, ist doppelt so groß wie der flachgedrückte erste Schädel. Im Oberkiefer stecken 15 rückwärts gekrümmte, messerartig gesägte Zähne, die sich in der generellen Form zwar ähneln, aber von verschiedenartiger Größe sind und in scharfen Spitzen enden. John Ostrom meinte, dass dieser Schädel eindeutig nicht zu *Procompsognathus* gehöre, sondern zu einem anderen Tier. In einem weiteren Bruchstück des dritten Blocks liegt eine linke Hand, die 1909 am gleichen Ort gefunden wurde und die John H. Ostrom wegen ihrer Größe ebenfalls nicht dem kleinen Dinosaurier zurechnete.

Die Skepsis, mit welcher der amerikanische Paläontologe den zweiten Schädel und die geheimnisvolle Hand behandelt hatte,

Chicagoer Paläontologe Paul C. Sereno.
Foto: borazivkoviz / CC BY 2.0 (via Wikimedia Commons), lizensiert unter Creative Commons-Lizenz by-2.0-en, https://creativecommons.org/licenses/by/2.0/legalcode

Stuttgarter Paläontologe Rupert Wild mit dem Schädel eines Krokodilsauriers (Nicrosaurus kapffi) aus Stuttgart-Heslach in den Händen.
Foto: Staatliches Museum für Naturkunde Stuttgart

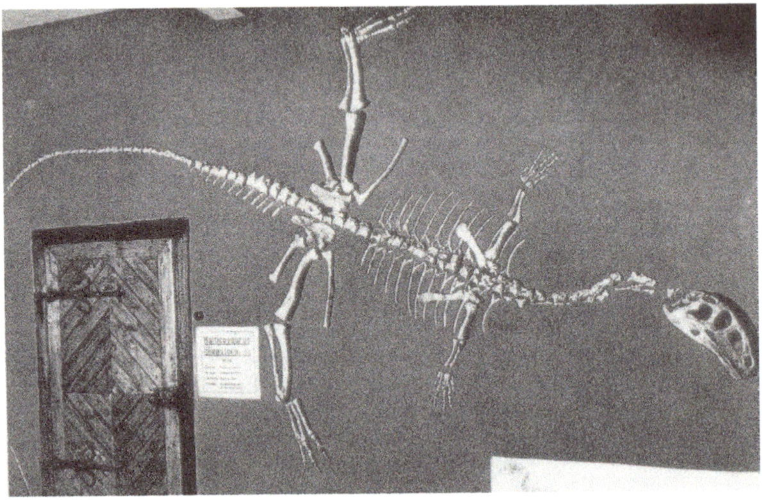

Zusammengesetztes und teilweise ergänztes Skelett des Raubdinosauriers Liliensternus liliensterni vom Großen Gleichberg bei Römhild in Thüringen im „Paläontologischen Heimatmuseum Bedheim". Foto: Staatliches Museum für Naturkunde, Stuttgart

Lebensbild des „Sprungfußkrokodils" Saltoposuchus connectens. Zeichnung: Nobu Tamura / http://spinops. blogspot.com / CC BY 2.5 (via Wikimedia Commons), lizensiert unter Creative Commons-Lizenz by-2.5, https://creativecommons.org/licenses/by/2.5/legalcode

sollte sich im nachhinein als richtig erweisen. In einer neuen Untersuchung, die Paul C. Sereno aus Chicago und Rupert Wild aus Stuttgart 1992 veröffentlichten, nimmt der „Fall Procompsognathus" eine weitere, unerwartete Wendung.
Die Fauna des Strombergs bei Pfaffenhofen in Nordwürttemberg, in dessen Steinbrüchen Prosauropoden wie *Sellosaurus* und die Theropoden *Procompsognathus* und *Liliensternus* (früher *Halticosaurus)* gefunden wurden, beinhaltet noch ein weiteres Reptil, das nicht den Dinosauriern angehört: *Saltoposuchus connectens* lief genau wie die Theropoden zumindest zeitweise auf den Hinterbeinen. Bisher waren von ihm nur wenige Skeletteile gefunden worden, darunter Knochenplatten einer Panzerung, die er auf dem Rücken trug. Mit *Procompsognathus* teilte *Saltoposuchus* („Sprungfußkrokodil") aber nicht nur die geringe Körpergröße von wenig mehr als einem Meter, sondern auch den grazilen Körperbau.
Interessanterweise gehört *Saltoposuchus* in eine Reptilgruppe, die Sphenosuchia, die in enger Verwandtschaft zu den Krokodilen stehen, ja trotz ihrer zweibeinigen Fortbewegungsweise sogar bisweilen als die direkten Ahnen aller Krokodile galten. Dies ist allerdings nicht mehr sicher, denn vielleicht waren die landbewohnenden Sphenosuchier wie *Saltoposuchus* oder der aus England stammende *Terrestrisuchus* ein später aussterbender Seitenzweig der krokodilverwandten Reptilien. Tatsache ist aber, dass diese Tiere eine erstaunliche Ähnlichkeit mit kleinen theropoden Dinosauriern hatten und mit diesen wohl auch in direkter Nahrungskonkurrenz standen.
Paul C. Sereno und Rupert Wild konnten mit ihrer Untersuchung beweisen, dass mit *Procompsognathus,* so wie er bisher angesehen wurde, eine „Chimäre" vorliegt – ein Fabelwesen, das aus Teilen mehrerer Tiere zusammengesetzt ist, wie der Pegasus der griechischen Sagenwelt mit Pferdekörper und

Fundortkarte 7: **Trias-Fährten in Baden-Württemberg**

1 = Großbottwar zwischen Heilbronn und Ludwigsburg
2 = Vaihingen-Horrheim, östlich Pforzheim
3 = Stuttgart-Gablenberg: Große Fährtenplatte
4 = Seifertshofen zwischen Schwäbisch Gmünd und Schwäbisch Hall: *Syntarsus (Grallator)*
5 = Pfaffenhofen im Stromberg: *Procompsognathus*

Fundortkarte für Trias-Fährten in Baden-Württemberg.
Karte aus „Dinosaurier in Deutschland" (1993)
von Ernst Probst und Raymund Windolf (1953–2010)

Adlerflügeln. Durch das Auseinanderdividieren der einzelnen Skelettpartien blieb für *Procompsognathus* nur noch der Bereich des hinteren Körpers übrig, die Vorderarme und die zwei Schädel aber gehören in Wirklichkeit zu dem Laufkrokodil *Saltoposuchus connectens.*

Bisher waren von *Saltoposuchus* weder die Hand noch der Schädel bekannt. Während sich so die Kenntnis von diesem Laufkrokodil erweitert hat, ist vieles, was über den Dinosaurier *Procompsognathus* scheinbar zu unserem Wissen gehörte, wieder verlorengegangen. Derartige „Demaskierungen" – hier nach rund 80 Jahren – kommen in der Paläontologie aber eher selten vor.

Was bleibt von *Procompsognathus* übrig? Er soll ein kleiner Raubdinosaurier gewesen sein, der sich vor allem von kleineren Echsen und Insekten ernährt hat. Laut Online-Lexikon „Wikipedia" war *Procompsognathus* etwa 1,20 Meter lang und ging wahr-scheinlich auf seinen langen Hinterbeinen, welche die Vorderbeine übertrafen. Die Einordnung von *Procompsognathus* in die wissenschaftliche Systematik ist umstritten.

Die Fährte aus dem Weinberg

In den Weinbergen am Fuß des 477 Meter hohen Baiselsbergs, der höchsten Erhebung im Stromberg, fand 1988 der Diplom-Ingenieur Frank-Otto Haderer zusammen mit seiner Frau eine beachtenswerte Theropodenfährte, die mit *Procompsognathus* in Zusammenhang steht. Darüber hinaus zeigt sie eine anatomische Besonderheit, die fossil nur sehr selten erhalten bleibt: Den Hautabdruck eines Dinosauriers!

Die 40 Zentimeter mal 22 Zentimeter große Platte aus feinkörnigem Stubensandstein fiel Eva-Maria Haderer in einem

Hinterfußabdruck eiens kleinen Raubdinosauriers (rechts), der dem Abdruck von Procompsognathus stark ähnelt. Foto: Staatliches Museum für Naturkunde Stuttgart

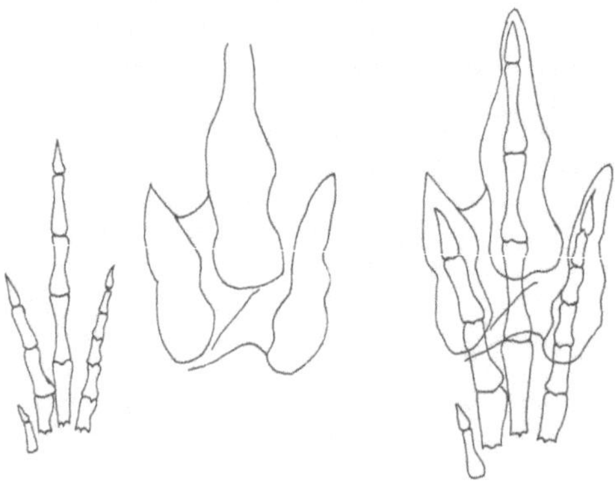

Das Fußskelett von Procompsognathus vergrößert über eine Fährte vom Stromberg gelegt. Zeichnung: Frank-Otto Haderer

Lesesteinhaufen auf, den ein Weingärtner am Fuß seines Weinberges aufgeschichtet hatte. Es war aber nicht die Fährte selbst, die Frau Haderers Aufmerksamkeit erregte, sondern ein optisch attraktives Muster aus sogenannten Netzleisten. Diese entstehen, wenn Trockenrisse mit Gestein ausgefüllt werden. Mitten in einer solchen Netzleiste fand sich eine einzelne Fährte, deren Dreizehigkeit sie sofort als Theropodenfährte auswies. Frank-Otto Haderer hat sich ausführlich mit der knapp 8 Zentimeter langen Theropodenfährte aus dem Weinberg beschäftigt und sie als linken Hinterfuß identifiziert. Dem guten Erhaltungszustand ist es zu verdanken, dass die Polster der Zehengelenke und die spitzen Kralleneindrücke noch zu erkennen sind. An der Spitze der zweiten Zehenkralle ist sogar ein Krallenkanal zu sehen, der entstand, als die Spitze der Kralle aus dem feuchten Schlamm gezogen wurde.

Der schmale Fuß mit scharfen Krallen gehört zu einem Theropodenfährten-Typ, der von den Paläontologen, die sich mit fossilen Saurierfährten beschäftigten, als *Grallator* („Der auf Stelzen geht“) bezeichnet wird. *Grallator*-Fährten findet man in der Oberen Trias auch in anderen Ländern, etwa in den nordamerikanischen Staaten New York und New Jersey. Sie scheinen von kleinen, *Procompsognathus*-ähnlichen Raubdinosauriern verursacht worden zu sein. Da im Frühjahr 1909 im nur fünf Kilometer entfernten „Weißen Steinbruch“ im Stromberg Überreste von *Procompsognathus triassicus* gefunden worden waren, vermutete Haderer, dass *Procompsognathus* auch im Weinberg am Baiselsberg seine vogelähnlichen Füße vor Jahrmillionen in den feuchten Schlamm gedrückt hatte. Als er eine Zeichnung mit dem Fußskelett von *Procompsognathus* über die Fährte aus dem Unteren Stubensandstein legte, fügte sich das etwas vergrößerte *Procompsognathus*-Fußskelett nahezu perfekt in die Fährte vom Weinberg.

Die steinerne Fährtenplatte wartete aber noch mit einer anderen Überraschung auf: Bei genauem Hinsehen entdeckte Haderer an ihrem anderen Ende eine 1,8 mal 3 Zentimeter große, nierenförmige Erhebung mit einer auffällig körnigen Oberfläche. Haderer deutete diese Erhebung als Einschlagsmarke des Dinosaurierschwanzes. Zu dieser Vermutung gelangte er, nachdem er einen Bericht über heutige südamerikanische Echsen, sogenannte Tejus, gelesen hatte. Diese Reptilien bewegen sich normalerweise auf allen vieren, waren hier aber von einem vorbeifahrenden Zug erschreckt worden und rannten auf ihren Hinterbeinen mit aufgerichtetem Oberkörper davon. Im schnellen Lauf bewegte sich dabei ihr langer Schwanz periodisch auf und ab und hinterließ beim Aufschlagen auf dem Boden ein Muster, das dem auf der Fährtenplatte sehr ähnlich ist. *Procompsognathus*, oder ein sehr nahe mit ihm verwandter Raubdinosaurier, scheint ebenfalls im Lauf mit seinem Schwanz den feuchten Boden berührt zu haben, wobei er einen Abdruck seiner Hautoberfläche hinterließ, der sich als höckerig-körnige Struktur im Gestein erhielt.
Wenn diese Deutung der zweiten Lebensspur auf der Steinplatte richtig ist, wäre dies der einzige bisher bekannte Fall aus Deutschland, dass sich Hautmuster eines Dinosauriers fossil erhalten haben. Zwar sind aus anderen Ländern schon Hautabdrücke von Dinosauriern bekannt, aber solche von Theropoden sind weltweit eine Seltenheit.

Fährten aus dem Keuper Südwestdeutschlands

Im Herbst 1911 führte der Stuttgarter Hauptlehrer Wilhelm Obermeyer (1861–1920) für seine Berufskollegen im heutigen Stuttgarter Stadtgebiet Gablenberg eine Reihe geologischer

Exkursionen durch. Zu Beginn konnte er nicht ahnen, dass gerade hier, in der Nähe seines Wohnortes an einer neuangelegten Straße, unerwartete Funde fossiler Fährten aus dem Keuper, der Oberen Triaszeit Baden-Württembergs, auftauchen würden.
Obermeyer und seine Kollegen untersuchten Schichten des sogenannten Kieselsandsteines aus dem Mittleren Keuper, der beim Straßenbau angeschnitten worden war. Als die geologiebegeisterten Lehrer Platten, die an Schutthalden entlang der neuen Straße und an deren Ende aufgeschüttet waren, mit ihren Geologenhämmern spalteten, entdeckten sie eine „dreizehige Tierfährte". Bis zum April des nächsten Jahres konnte Obermeyer 50 zum Teil sehr gut erhaltene Fährtenausfüllungen aus dem Gestein klopfen, einige Platten enthielten sogar mehrere Spuren. Die meisten Fährten zeigten deutlich drei Zehen, einige waren aber auch vierzehig. Obermeyer beschrieb die Fährten zum einen als „niedliche Formen von der Größe einer Kinderhand", zum anderen als „kräftigere Formen von der Größe eines Straußes mit längerer Mittelzehe und deutlichem Abdruck der spitzen Krallen". Der Erhaltungszustand der Fährten war zum Teil so vortrefflich, dass Obermeyer an einer Dreizeher-Fährte sogar solche Details wie die Abdrücke der Zehengelenke zu erkennen glaubte.
Die meisten der Dreizeher-Fährten befanden sich in einer harten, blaurot gefärbten Tonschicht, die wie ein Sandwich von zwei fünf Zentimeter messenden Kieselsandsteinschichten beidseitig bedeckt wurde. Beim Aufspalten der Steinplatten fielen die anhaftenden Kieselsandsteindeckel ab, und eigentümlich grünlich schimmernde plastische Fährtenformen kamen zum Vorschein. Ähnliche Gebilde sieht man heute, wenn Kinder mit ihren Sandförmchen am Strand „Kuchen" backen. Diese Formen jedoch stammten von Reptilfüßen, die vor

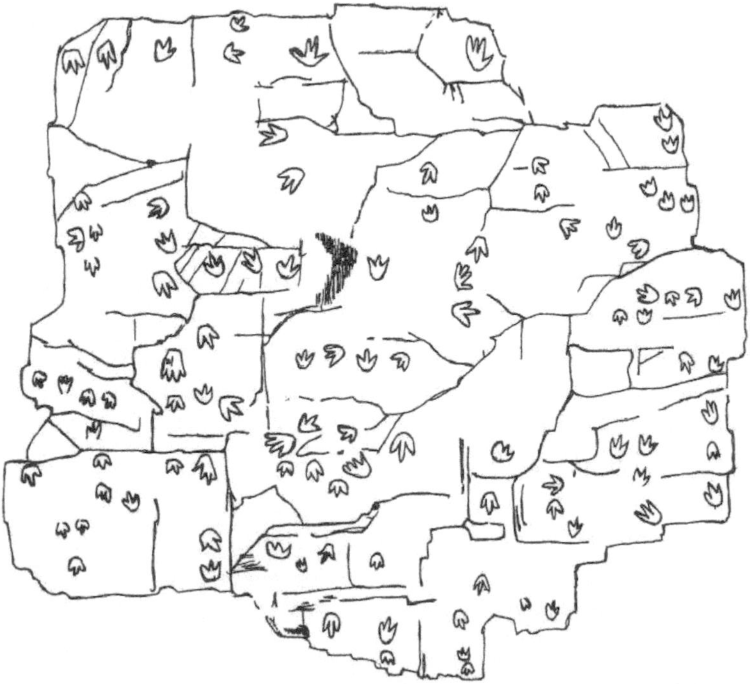

*Im Frühjahr 1912 fand man in Stuttgart
dieses großartige Zeugnis triassischen Lebens:
eine Fährtenplatte mit annähernd 100 Einzelfährten.
Zeichnung von Wilhelm Obermeyer (1861–1920)
aus dem Jahre 1912*

ungefähr 215 Millionen Jahren hier gelaufen waren. Dabei fiel Obermeyer auf, dass die plumperen Fährtentypen nicht in der dünnen Tonschicht, sondern in einer dickeren, bröckeligen vorkamen. Hier waren die triassischen Reptilien wohl in Bereiche vorgedrungen, in denen der Ufersand tiefer und weicher war, so dass die Tiere beim Begehen dieser Stelle tiefer in ihm einsanken und die Spuren in der Folge etwas zusammenflossen.
Eine der Obermeyerschen Platten aus Stuttgart-Gablenberg von etwa 0,7 Quadratmeter Größe wird heute noch in der Tübinger Universität aufbewahrt. Auf ihr sieht man die 12 Zentimeter große Spur eines Theropoden, während die kaum 2 Zentimeter Größe erreichenden Miniaturabdrücke von eidechsenähnlichen Reptilien stammen. Da weitere Grabungen die finanziellen Mittel Obermeyers überstiegen und der Grund und Boden, auf dem weitere Funde zu erwarten gewesen wären, der Stadt Stuttgart gehörte, meldete Obermeyer seine Funde dem Konservator des damaligen Königlichen Naturalienkabinettes, Professor Eberhard Fraas. Ihm übergab er auch die wissenschaftlich interessanten Fährten. Ende Mai 1912 wurde im Bereich des Ziergartens der „Villa Bosch" der Boden abgehoben. In 2 Meter Tiefe konnte am 14. Juni eine etwa 6 Quadratmeter große Platte in Einzelstücken abgehoben werden, an deren Unterseite sich eine der erstaunlichsten Fährtenansammlungen mesozoischer Reptilien zeigte, die je in Mitteleuropa gefunden wurde. Man zählte mehr als 100 Einzelfußabdrücke der verschiedensten Tiere, die meisten dreizehig, aber auch einige vierzehige. Obermeyer musste auf Vergleiche mit Funden aus dem US-Bundesstaat Connecticut zurückgreifen, aus der deutschen Trias war etwas Ähnliches bis jetzt noch nicht bekannt geworden. Während die größeren Vierzeherfährten wahrscheinlich nicht von Dinosauriern

stammten, sondern von anderen plumpen Reptilien, meinte Obermeyer, die kleineren Dreizeherabdrücke einem nach Känguruart hüpfenden Theropoden von kaum mehr als 60 Zentimeter Körperlänge zuordnen zu können. Es ist das Verdienst von Professor Fraas, dass von der einzigartigen Fährtenplatte eine Übersichtszeichnung angefertigt wurde, so dass dieses fossile Dokument der triassischen Fauna auch heute noch zumindest optisch konserviert ist. Leider ist der Großteil der Platte wie so viele andere Funde auch im Bombenhagel des Zweiten Weltkrieges einem Brand zum Opfer gefallen. Lediglich einige kleinere Reste sind von ihr noch der Nachwelt erhalten geblieben. Sie zeigen dreizehige Fährten, die nach heutigem Wissen von Coelurosauriern stammen. Vergleichbare Fährtenplatten von der Größenordnung des Obermeyerschen Fundes kamen aus der Trias zwar nie wieder zum Vorschein, aber einzelne Triasfährten sind in Württemberg immer wieder einmal sichergestellt worden, wie etwa in Großbottwar zwischen Ludwigsburg und Heilbronn: 1972 wurde aus der Gegend nordwestlich von Vaihingen das 13 Zentimeter lange Trittsiegel eines Raubdinosauriers beschrieben.

Der Fleischfresser aus dem Bach

Dem schon erwähnten Diplomingenieur Frank-Otto Haderer aus Aichwald östlich von Stuttgart gelang 1989 während einer Exkursion der „Gesellschaft für Naturkunde in Württemberg“ ein weiterer bemerkenswerter Fährtenfund. Die Fundstätte liegt in einem der Seitenbäche des Flusses Kocher, dem Rühlenbachtal bei Murrhardt, zwischen Schwäbisch Gmünd und Schwäbisch Hall, nordöstlich der Ortschaft Seifertshofen. Das Bachufer zeigt in seiner Gesteinsfolge geologisch den Übergang des Unteren Stubensandsteins zu den Oberen Bunten Mergeln. Genau an der Grenze der beiden Schichten, mitten im Bachbett liegend, fand sich eine 42 mal 47 Zentimeter messende Platte von 7 bis 8 Zentimeter Dicke. Weil sie offensichtlich lange im Wasser des Baches gelegen hatte, war sie allerdings äußerst mürbe und zerbrach sofort bei der Bergung aus dem Bach und beim Transport, so dass sie anschließend wieder zusammengefügt, geklebt und imprägniert werden musste.

Nachdem diese konservierenden Maßnahmen beendet waren, konnte sich Haderer daranmachen, die Identität des Dinosauriers, der die Fährte erzeugt hatte, möglichst genau zu bestimmen. Was er vor sich liegen hatte, war lediglich das Relief eines linken Hinterfußes von 15,5 Zentimeter Länge und 14 Zentimeter Breite. Die Dreizehigkeit ließ grundsätzlich entweder einen Vogelbeckendinosaurier zu, von dem man in Deutschland bis heute aus so frühen Zeiten so gut wie nichts kennt, oder – was wahrscheinlicher war – einen fleischfressenden Echsenbeckendinosaurier, einen Theropoden von geringer Größe. Fleischfresser mit vogelähnlich gebauten Füßen von geringer Größe kennt man aus der Trias. Aber *Procompsognathus* war für diese Fährte zu klein. Vergleichbare Theropoden sind der aus dem Südwesten der USA bekannte *Coelophysis* und der nahe verwandte *Megapnosaurus* („große tote Echse“), früher *Syntarsus* genannt, deren Fußskelette zu einer derartigen Fährte grundsätzlich passen würden.

Megapnosaurus ist etwas kleiner als *Coelophysis* und wurde 1969 als *Syntarsus* aus Südafrika beschrieben, 20 Jahre später auch aus dem nordamerikanischen Bundesstaat Arizona. Er war ein kaum mehr als 1,50 Meter langer Hohlknochen-Dinosaurier, der ganz ähnlich wie *Procompsognathus* und *Liliensternus* zu den Ceratosauriern gezählt wird. Früher gab es die 1969 aus Afrika als *Syntarsus rhodensiensis* beschriebene Art und die 1989 aus

Bewegliches Modell des Raubdinosauriers Coelophysis („Hohle Gestalt“) im „Natural History Museum“ in London. Foto: Firsfron / CC BY-SA 3.0 (via Wikimedia Commons), lizensiert unter Creative Commons-Lizenz by-sa-3.0, https://creativecommons.org/licenses/by-sa/3.0/legalcode

Megapnosaurus kayentakatae (früher Syntarus) verzehrt einen Scutellosaurus. Zeichung: Dmitry Bogdanocv/ CC BY-SA 3.0 (via Wikimedia Commons), lizensiert unter Creative Commons-Lizenz by-sa-3.0, https://creativecommons.org/licenses/by-sa/3.0/legalcode

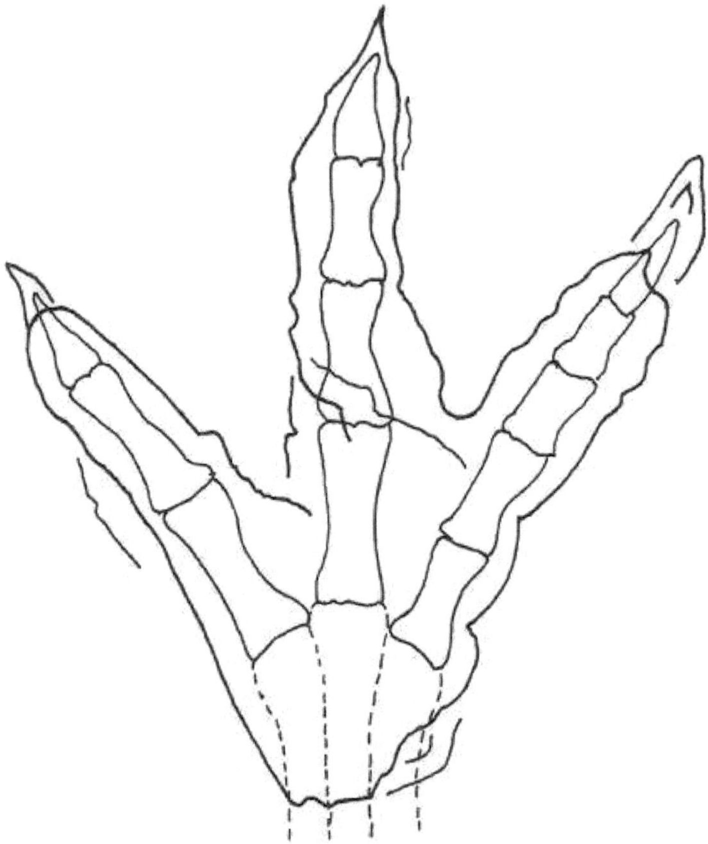

Fährtenfund aus der württembergischen Triaszeit.
Er ähnelt dem kleinen Raubdinosaurier Megapnosaurus (früher Syntarsus) aus Südafrika und Nordamerika.
Zeichnung: Frank-Otto Haderer (1990)

Nordamerika als *Syntarsus kayentakatae* bezeichnete Art. Die nordamerikanische Art *Syntarsus kayentakatae* zeichnet sich wie manch andere Ceratosaurier durch einen sehr dünnen, über den Augen stehenden Doppel-Knochenkamm aus, welcher der afrikanischen Art aber fehlt. 2001 wurde *Syntarus* von den Entomologen Michael A. Ivie, Stanislaw A. Slipinski und Piotr Wegrzynowicz in *Megapnosaurus* umbenannt, als man herausfand, dass der ursprüngliche Gattungsname *Syntarsus* bereits 1869 für einen Käfer vergeben worden war.

Als Frank-Otto Haderer eine Nachbildung des Fußskelettes von *Megapnosaurus* über die Fährte aus dem Rühlenbachtal legte, bemerkte er, dass die Mittelfußknochen ähnlich nahe beieinander lagen und die Zehenabdrücke die gleiche, auffällig große Spreizung wie bei *Megapnosaurus* zeigten. An einer Zehe der Fährte befand sich sogar noch der Rest des Abdruckes der scharfen Kralle, die sich in den Boden bohrte, als der Theropode auf seinen Hinterbeinen vorbeilief.

Die Fährten primitiver Fleischfresser aus der Trias sind zwar untereinander relativ ähnlich, aber dank der deutlichen Unterschiede zwischen der *Megapnosaurus*-Fährte und der *Procompsognathus*-Fährte besteht doch die Möglichkeit, dass bei uns in der Zeit der Oberen Trias drei verschiedene fleisch-fressende Dinosaurier gelebt haben, die alle zu den Ceratosauria zählen: der größere *Liliensternus*, der kleine *Procompsognathus* und daneben eine *Megapnosaurus*-verwandte Form von ebenfalls geringer Körpergröße. Dies wäre ein Beweis für den Erfolg jener frühen Raubdinosauriergruppe.

Frankfurter Paläontologe Hermann von Meyer (1801–1869).
Bild: Lithographie von C. J. Allemagne von 1837

Dinosaurierfunde in Deutschland

1834: Entdeckung des ersten Dinosauriers *(Plateosaurus engelhardti)* in Franken
1837: Hermann von Meyer beschreibt *Plateosaurus engelhardti* aus Franken
um 1840: Wilhelm Dunker entdeckt bei Obernkirchen (Niedersachsen) einen Zahn des Leguanzahndinosauriers *Iguanodon*
1857: Hermann von Meyer beschreibt *Stenopelix valdensis* aus den Bückebergen (Niedersachsen)
1859: Andreas Wagner beschreibt *Compsognathus longipes* aus Kelheim oder Jachenhausen bei Riedenburg (Bayern)
1861: Hermann von Meyer bezeichnet eine 1860 in Solnhofen entdeckte Feder als *Archaeopteryx lithographica.*
1861 findet man bei Langenaltheim das erste Skelett-exemplar eines Urvogels, den man ebenfalls *Archaeopteryx* zurechnet. *Archaeopteryx* gilt heute als Raubdinosaurier.
1879–1881: Erste Fährtenfunde in den Bückebergen und den Rehburger Bergen (Niedersachsen)
1904: Erste Knochenfunde in Trossingen (Baden-Württemberg)
1908: Friedrich von Huene beschreibt *Sellosaurus gracilis* (heute: *Plateosaurus gracilis) und Halticosaurus longotarsus* (heute: *Liliensternus liliensterni)*
1909: *Procompsognathus* wird am Nordhang des Stromberges bei Pfaffenhofen (Baden-Württemberg) entdeckt;
der Schüler Hermann Weiß entdeckt Plateosaurierknochen in Trossingen;

erste Dinosaurierskelettfunde in Halberstadt (Sachsen-Anhalt)
1910: Die Grabungen in Halberstadt beginnen
1911: Wichtige Fährtenfunde im Keuper Württembergs
1911–1912: Erste Trossinger Grabung
1913: Eberhard Fraas beschreibt *Procompsognathus triassicus* vom Nordhang des Stromberges bei Pfaffenhofen (Baden-Württemberg)
1921: Die Barkhausener Dinosaurierfährten (Niedersachsen) werden entdeckt
1921–1923: Zweite Trossinger Grabung
1932: Dritte Trossinger Grabung. Bei insgesamt sechs Grabungen werden Reste von fast 100 Plateosauriern geborgen
1932/1933: Hugo Rühle von Lilienstern gräbt am Großen Gleichberg in Thüringen zwei Skelette von *Plateosaurus* und zwei weitere von *Liliensternus* (früher: *Halticosaurus*) aus
1934: Willi Weiss entdeckt in Franken die Fährte *Coelurosaurichnus schlauersbachensis*
1948: Die Fährte *Coelurosaurichnus (Dinosaurichnium) moeni* wird beschrieben
1950: Karl Beurlen beschreibt die Fährte *Coelurosaurichnus kehli;*
Kurt Rehnelt beschreibt die Fährten *Coelurosaurichnus schlehenbergensis* und *Coelurosaurichnus kronbergeri;*
1952: Florian Heller beschreibt die Fährte *Coelurosaurichnus metzneri* die ab 1986 der Fährtengattung *Atreipus* zugerechnet wird
1958: Oskar Kuhn beschreibt zwei Dinosaurierfährten aus Franken: *Coelurosaurichnus ziegelangerensis* und *Coelurosaurichnus sassendorfensis*
1963: *Emausaurus* wird in einer Tongrube bei Greifswald

(Mecklenburg-Vorpommern) entdeckt
1975: Erste Dinosaurierknochen aus Nehden bei Brilon (Nordrhein-Westfalen) tauchen auf
1978: Rupert Wild beschreibt *Ohmdenosaurus liasicus* aus der Gegend von Ohmden (Baden-Württemberg)
1979: Die Münchehagener Dinosaurierfährten werden entdeckt
1979–1982: Ausgrabungen in Nehden mit großartigen Funden der Leguanzahn-Dinosaurier *Iguanodon atherfieldensis* und *Iguanodon bernissartensis*
1982: Im Wiehengebirge (Nordrhein-Westfalen) wird ein vermeintliches Schwanzstachelfragment des Stegosauriers *Lexovisaurus* entdeckt;
Kurt Rehnelt beschreibt die Fährte *Coelurosaurichnus arntzeniusi*
1988: Im Stromberg bei Pfaffenhofen (Baden-Württemberg) kommt die Fährte eines *Procompsognathus* ähnelnden Raubdinosauriers samt Hautabdruck zum Vorschein
1989: In Baden-Württemberg wird anhand einer Fährte ein weiterer Raubtierfuß-Dinosaurier (Theropode) nachgewiesen, der *Syntarsus* gleicht
1990: Der gepanzerte Dinosaurier *Emausaurus ernsti* aus einer Tongrube bei Greifswald (Mecklenburg-Vorpommern) wird von Hartmut Haubold beschrieben
1991: Neue Fährtenfunde eines großen Raubtierfuß-Dinosauriers in Baden-Württemberg
2004: In Münchehagen (Niedersachsen) werden nahe der 1979 entdeckten alten Fundstelle weitere Dinosaurierfährten gefunden
2006: P. Martin Sander, Octávio Mateus, Thomas Laven und Nils Knötschke beschreiben den Elefantenfuß-Dinosaurier *Europasaurus holgeri* aus dem Kalksteinbruch am Langenberg

bei Oker (Niedersachsen). Der Artname erinnert an den Entdecker Holger Lüdtke
2006: Ursula B. Göhlich und Louis M. Chiappe beschreiben den 1998 bei Schamhaupten unweit von Eichstätt (Bayern) entdeckten Raubdinosaurier *Juravenator starki*
2007: Die Dinosaurierfährten von Obernkirchen (Niedersachsen) werden entdeckt
2012: Oliver Rauhut, Christian Foth, Helmut Tischlinger und Mark A. Norell beschreiben den 2009 oder 2010 bei Painten unweit von Kelheim (Bayern) ausgegrabenen Raubdinosaurier *Sciurumimus albersdoerferi*
2016: Oliver Rauhut, Tom R.. Hübner und Klaus-Peter Lanser beschreiben den 1998 von dem Geologen Friedrich Albat im Wiehengebirge bei Minden (Nordrhein-Westfalen) entdeckten Raubdinosaurier *Wiehenvenator albati*
2017: Oliver Rauhut und Christian Foth identifizieren ein 1855 in Jachenhausen bei Riedenburg (Bayern) geborgenes Fossil als Raubdinosaurier und nennen es *Ostromia crassipes.* Vorher galt dieser Fund, der im „Teylers Museum“ in Haarlem (Niederlande) aufbewahrt wird, als Urvogel.
2022: Ingmar Werneburg und Omar Regalado Fernandez beschrieben eine 1922 von Friedrich von Huene bei Trossingen entdeckte, *Plateosaurus* zugeschriebene und in der Paläontologischen Sammlung der Universität Tübingen aufbewahrte Hüfte als neue Gattung und Art namens *Tuebingosaurus maierfritzorum.*

Literatur

BERCKHEMER, Fritz (1938): Wirbeltierfunde aus dem Stubensandstein des Strombergs. In: *Naturwissenschaftliche Monatsschrift,* 51, 7/8, S. 188–198.

DINODATA.DE: *Procompsognathus triassicus.* http://dinodata.de/animals/dinosaurs/pages_p/procompsognathus.php

FRAAS, Eberhard (1913): Die neuesten Dinosaurierfunde in der schwäbischen Trias. In: *Naturwissenschaften,* 1, S. 1097–1100.

HADERER, Frank-Otto (1988): Ein dinosauroider Fährtenrest aus dem Unteren Stubensandstein (Obere Trias, km 4) des Strombergs (Württemberg). In: *Stuttgarter Beiträge zur Naturkunde,* Serie B, Nr. 138, S. 1–12.

HADERER, Frank-Otto (1990): Ein tridactyles Trittsiegel aus dem Unteren Stubensandstein (Obere Trias, Nor) des Rühlenbachtals (Württemberg). In: *Stuttgarter Beiträge zur Naturkunde,* Serie B, Nr. 160, S. 1–14.

HADERER, Frank-Otto (1992): Ein weiterer grallatorider Fährtenrest aus dem Stubensandstein des Stromberges (Nordwürttemberg). In: *Jahresheft der Gesellschaft für Naturkunde in Württemberg*, 147. Jahrgang, S. 5–10.

HUENE, Friedrich von (1932): Die fossile Reptil-Ordnung Saurischia, ihre Entwicklung und Geschichte. In: *Monographien der Geologie und Paläontologie*, 1, 1–2.

IVIE, Michael A. / SLIPINSKI, Stanislaw A. / WEGRZYNOWICZ, Piotr (2001): General homonyms in the Colydiinae (Coleoptera: Zopheridae). In: Insecta Mundi, Bd. 15, S. 63–64.

OBERMEYER, Wilhelm (1912): Neue Funde von Tierfährten im Mittleren Keuper bei Stuttgart. In: *Aus der Heimat, (25)* 5, S. 129–137.
OSTROM, John H. (1981): *Procompsognathus* – Theropod or Thecodont? In: *Palaeontographica,* Abteilung A, Lieferung 4–6, S. 179–195.
PADIAN, Kevin (1986): On the type material of Coelophysis COPE (Saurischia: Theropoda) and a new specimen from the Petrified Forest of Arizona (Late Triassic: Chinle Formation). In: PADIAN, Kevin (Hg.)*:* The Beginning of the Age of Dinosaurs, Cambridge University Press, S. 56–58.
PAUL, Gregory (1988): Predatory dinosaurs of the world, Simon und Schuster, New York, S. 255, 256.
PROBST, Ernst: Deutschland in der Urzeit. Von der Entstehung des Lebens bis zum Ende der Eiszeit, C. Bertelsmann, München.
PROBST, Ernst (2010): Dinosaurier von A bis K. Von Abelisaurus bis Kritosaurus, GRIN, München
PROBST, Ernst (2010): Dinosaurier von L bis Z. Von Labocania bis Zupaysaurus, GRIN, München.
PROBST, Ernst / WINDOLF, Raymund (1993): Dinosaurier in Deutschland, C. Bertelsmann, München.
RAATH, Michael A. (1969): A new Coelurosaurian dinosaur from the Forest Sandstone of Rhodesia. In: *National Museums of Southern Rhodesia. Amoldia*, Bd. 4, N.r 28, S. 1–25.
ROW, Timothy (1989). A new species of theropod dinosaur *Syntarsus* from the Early Jurassic Kayenta Formation of Arizona. In: Journal of Vertebrate Paleontology, Bd. 9, Nr. 2, S. 125–136.
SERENO, Paul C. / WILD, Rupert (1992): *Procompsognathus*: Theropod, Thecodont or both? In: Journal of Vertebrate

Paleontology, (12) 4, S. 435–458.
WIKIPEDIA (Online-Lexikon): Eberhard Fraas
https://de.wikipedia.org/wiki/Eberhard_Fraas
WIKIPEDIA (Online-Lexikon) *Procompsognathus*
https://de.wikipedia.org/wiki/Procompsognathus

Buch „Dinosaurier in Deutschland" (1993)
von Ernst Probst und Raymund Windolf (1953–2010)

Die Autoren

Ernst Probst, 1946 in Neunburg vorm Wald (Oberpfalz) geboren, war von 1973 bis 2001 verantwortlicher Redakteur bei der „Allgemeinen Zeitung" in Mainz und betätigte sich in seiner Freizeit als Wissenschaftsautor. Ab 1977 beschäftigte er sich mit der Erdgeschichte Deutschlands, zunächst als Fossiliensammler im Mainzer Becken, später als Verfasser von Artikeln für Tages- und Wochenzeitungen in Deutschland, Österreich und der Schweiz. Die „Welt" nannte sein 1986 erschienenes Buch „Deutschland in der Urzeit" ein „Glanzstück deutscher Wissenschaftspublizistik". Bis heute veröffentlichte er mehr als 450 Bücher, Taschenbücher und Broschüren aus den Themenbereichen Paläontologie, Kryptozoologie, Archäologie und Geschichte.

Raymund Windolf, geboren 1953 in München, gestorben 2010 in Rott/Lech, interessierte sich bereits als Sechsjähriger für Dinosaurier. Sein Berufsleben begann er mit einer Ausbildung zum Wetterdiensttechniker (Wetterbeobachter). Von 1975 bis 1983 arbeitete er beim „Deutschen Wetterdienst“. Mit ideeller und finanzieller Unterstützung seiner Ehefrau Regina Cossmann studierte er danach Zoologie, Botanik und Paläontologie. Zeitweise war er Herausgeber der Zeitschrift „Dinosaurier-Magazin“. 1989 veröffentlichte er das „Dinosaurier-Lexikon“ und 1993 zusammen mit Ernst Probst das Buch „Dinosaurier in Deutschland“. Während seiner Tätigkeit für den „Dinopark Münchehagen“ war er ab 1998 an der Bearbeitung von Dinosaurierfunden aus Niedersachsen beteiligt.

Bücher von Ernst Probst

(Auswahl)

Als Mainz im Meer lag
Als Mainz noch nicht am Rhein lag
Der Europäische Jaguar
Der Mosbacher Löwe. Die riesige Raubkatze aus Wiesbaden
Der Rhein-Elefant. Das Schreckenstier von Eppelsheim
Der Ur-Rhein. Rheinhessen vor zehn Millionen Jahren
Deutschland im Eiszeitalter
Deutschland in der Frühbronzezeit
Deutschland in der Mittelbronzezeit
Deutschland in der Spätbronzezeit
Die Aunjetitzer Kultur in Deutschland
Die Straubinger Kultur in Deutschland
Die Singener Gruppe
Die Arbon-Kultur in Deutschland
Die Ries-Gruppe und die Neckar-Gruppe
Die Adlerberg-Kultur
Der Sögel-Wohlde-Kreis
Die nordische Bronzezeit in Deutschland
Die Hügelgräber-Kultur in Deutschland
Die ältere Bronzezeit in Nordrhein-Westfalen
Die Bronzezeit in der Lüneburger Heide
Die Stader Gruppe
Die Oldenburg-emsländische Gruppe
Die Urnenfelder-Kultur in Deutschland
Die ältere Niederrheinische Grabhügel-Kultur
Die Unstrut-Gruppe
Die Helmsdorfer Gruppe

Die Saalemündungs-Gruppe
Die Lausitzer Kultur in Deutschland
Die Dolchzahnkatze Megantereon
Die Dolchzahnkatze Smilodon
Die Säbelzahnkatze Homotherium
Die Säbelzahnkatze Machairodus
Die Schweiz in der Frühbronzezeit
Die Rhône-Kultur in der Westschweiz
Die Arbon-Kultur in der Schweiz
Die Schweiz in der Mittelbronzezeit
Die Schweiz in der Spätbronzezeit
Deutschland in der Urzeit. Von der Entstehung des Lebens bis zum Ende der Eiszeit
Deutschland in der Steinzeit. Jäger, Fischer und Bauern zwischen Nordseeküste und Alpenraum
Deutschland in der Bronzezeit. Bauern, Bronzegießer und Burgherren zwischen Nordsee und Alpen
Dinosaurier in Deutschland (zusammen mit Raymund Windolf)
Dinosaurier von A bis K. Von Abelisaurus bis zu Kritosaurus
Dinosaurier von L bis Z. Von Labocania bis zu Zupaysaurus
Dinosaurier in Bayern. Von Cetiosauriscus bis zu Sciurumimus
Der rätselhafte Spinosaurus. Leben und Werk des Forschers Ernst Stromer von Reichenbach
Compsognathus. Der Zwergdinosaurier aus Bayern
Europasaurus.. Die Echse aus Europa
Plateosaurus. Der Deutsche Lindwurm
Liliensternus. Ein Raubdinosaurier aus der Triaszeit
Raubdinosaurier in Bayern. Von Archaeopteryx bis zu Sciurumimus

Flugsaurier in Deutschland. Von Dorygnathus bis zu Targaryendraco
Eiszeitliche Geparde in Deutschland
Eiszeitliche Leoparden in Deutschland
Höhlenlöwen. Raubkatzen im Eiszeitalter
Johann Jakob Kaup. Der große Naturforscher aus Darmstadt
Monstern auf der Spur. Wie die Sagen über Drachen, Riesen und Einhörner entstanden
Neues vom Ur-Rhein. Interview mit dem Geologen und Paläontologen Dr. Jens Sommer
Österreich in der Frühbronzezeit
Österreich in der Mittelbronzezeit
Österreich in der Spätbronzezeit
Raub-Dinosaurier von A bis Z. Mit Zeichnungen von Dmitry Bogdanav und Nobu Tamura
Rekorde der Urmenschen. Erfindungen, Kunst und Religion
Rekorde der Urzeit. Landschaften, Pflanzen und Tiere
Säbelzahnkatzen. Von Machairodus bis zu Smilodon
Säbelzahntiger am Ur-Rhein. Machairodus und Paramachairodus
Was ist ein Menhir? Interview mit dem Mainzer Archäologen Dr. Detert Zylmann
Wer ist der kleinste Dinosaurier? Interviews mit dem Wissenschaftsautor Ernst Probst
Wer war der Stammvater der Insekten? Interview mit dem Stuttgarter Biologen und Paläontologen Dr. Günther Bechly
Kastel in der Vorzeit. Von der Jungsteinzeit bis Christi Geburt
Kostheim in der Vorzeit. Von der Jungsteinzeit bis Christi Geburt

Die Altsteinzeit. Eine Periode der Steinzeit in Europa vor etwa 1.000.000 bis 10.000 Jahren
Anno. 1.000.000. Deutschland in der älteren Altsteinzeit
Wiesbaden in der Steinzeit. Von Eiszeit-Jägern bis zu frühen Bauern
Wiesbaden vor 600.000 Jahren. Die Fossilien der Mosbach-Sande
Mainz in der Steinzeit. Von Eiszeit-Jägern bis zu frühen Bauern
Österreich in der Altsteinzeit. Vor 250.000 bis 10.000 Jahren
Das Protoacheuléen. Eine Kulturstufe der Altsteinzeit vor etwa 1,2 Millionen bis 600.000 Jahren
Das Altacheuléen. Eine Kulturstufe der Altsteinzeit vor etwa 600.000 bis 350.000 Jahren
Das Jungacheuléen. Eine Kulturstufe der Altsteinzeit vor etwa 350.000 bis 150.000 Jahren
Das Moustérien. Die große Zeit der Neanderthaler
Das Moustérien in Österreich. Eine Kulturstufe der Altsteinzeit
Das Aurignacien. Eine Kulturstufe der Altsteinzeit vor etwa 40.000 bis 31.000 Jahren
Das Gravettien. Eine Kulturstufe der Altsteinzeit vor etwa 35.000 bis 24.000 Jahren
Das Magdalénien. Die Blütezeit der Rentierjäger vor etwa 18.000 bis 14.000 Jahren
Die Hamburger Kultur. Eine Kulturstufe der Altsteinzeit vor etwa 15.700 bis 14.200 Jahren
Die Federmesser-Gruppen. Eine Kulturstufe der Altsteinzeit vor etwa 14.000 bis 12.800 Jahren
Das Steinzeit-Grab von Bonn-Oberkassel. Ein rätselhafter Fund aus der Zeit der Federmesser-Gruppen

bekannt wurden
Pfahlbauten in Süddeutschland. Dörfer der Jungsteinzeit und Bronzezeit an Seen, Mooren und Flüssen
Die Salzmünder Kultur. Eine Kultur der Jungsteinzeit vor etwa 3.700 bis 3.200 v. Chr.
Die Wartberg-Kultur. Eine Kultur der Jungsteinzeit vor etwa 3.500 bis 2.800 v. Chr.
Die Chamer Gruppe. Eine Kulturstufe der Jungsteinzeit vor etwa 3.500 bis 2.700 v. Chr.
Die Walternienburg-Bernburger Kultur. Eine Kultur der Jungsteinzeit vor etwa 3.200 bis 2.800 v. Chr.
Die Kugelamphoren-Kultur. Eine Kultur der Jungsteinzeit vor etwa 3.100 bis 2.700 v. Chr.
Die Schnurkeramischen Kulturen. Kulturen der Jungsteinzeit vor etwa 2.800 bis 2.400 v. Chr.
Die Glockenbecher-Kultur. Eine Kultur der Jungsteinzeit vor etwa 2.500 bis 2.200 v. Chr.
Große Kometen. Schweifsterne in Wort und Bild
Meteoriten. Die wichtigsten Funde und Krater